新编 家装设计法则

玄关·客厅

主编 陈岩 唐建 胡沈健 林林

辽宁科学技术出版社
·沈阳·

本书编委会

主　编：陈　岩　唐　建　胡沈健　林　林
副主编：于　玲　林墨飞　王　冬　陶　然　毛　贺　宋　桢

图书在版编目（CIP）数据

新编家装设计法则. 玄关·客厅 / 陈岩等主编. —沈
阳：辽宁科学技术出版社，2015.4
　　ISBN 978-7-5381-9130-1

　　Ⅰ. ①新… 　Ⅱ. ①陈… 　Ⅲ. ①门厅—室内装饰设
计—图集 　②客厅—室内装饰设计—图集 　Ⅳ. ①TU241-
64

中国版本图书馆CIP数据核字（2015）第035923号

————————————————————————————

出版发行：辽宁科学技术出版社
　　　　　（地址：沈阳市和平区十一纬路29号　邮编：110003）
印　刷　者：沈阳新华印刷厂
经　销　者：各地新华书店
幅面尺寸：215 mm × 285 mm
印　　张：6
字　　数：120千字
出版时间：2015 年 4 月第 1 版
印刷时间：2015 年 4 月第 1 次印刷
责任编辑：于　倩
封面设计：唐一文
版式设计：于　倩
责任校对：李　霞

————————————————————————————

书　　号：ISBN 978-7-5381-9130-1
定　　价：34.80元

投稿热线：024-23284356　23284369
邮购热线：024-23284502
E-mail：purple6688@126.com
http://www.lnkj.com.cn

前言 Preface

　　家居装饰是家居室内环境的主要组成部分，它对人的生理和心理健康都有着极其重要的影响。随着我国经济的日益发展，人们对家居装饰的要求也越来越高。如何创造一个温馨、舒适、宁静、优雅的居住环境，已经越来越成为人们关注的焦点。为了提高广大读者对家庭装饰的了解，我们特意编写了这套丛书，希望能对大家的家庭装饰装修提供一些帮助。

　　本套"新编家装设计法则"丛书包括《玄关·客厅》、《餐厅·卧室·走廊》、《客厅电视背景墙》、《客厅沙发背景墙》、《天花·地面》等5本书。内容主要包括：现代家庭装饰装修所涉及的各个主要空间的室内装饰装修彩色立体效果图和部分实景图片、家居室内装饰设计方法、材料选择、使用知识以及温馨提示等。为了方便大家查阅，我们特意将每本书的图片按照不同的风格进行分类。从欧式风格、现代风格、田园风格、中式风格和混搭风格等方面，对各个空间进行了有针对性的阐述。

　　本书着重向大家介绍家居空间中的玄关和客厅设计。玄关在居室中所占面积虽然不大，但使用频率较高，是进出住宅的必经之处。而客厅是整个家居空间的核心，客厅设计的好坏直接影响整个家居空间设计的成败。我们通过编写本书，将现阶段时尚、前卫的设计风格和最新的装饰材料、施工工艺等通过效果图和文字解析，一一呈现给读者，并在全书中穿插装饰细节小贴士，以便读者更好地掌握客厅和玄关的设计要点。希望能够给那些即将搬入新居的读者一些装修方面的专业知识，从而为自己和家人营造一个舒适、温馨、优雅、时尚的家居环境。

　　本书以图文并茂的形式来进行内容编排，形成以图片为主、文字为辅的读图性书籍。集知识性、实用性、可读性于一体。内容翔实生动、条理清晰分明，对即将装修和注重居室生活品质的读者具有较高的参考价值和实际的指导意义。

　　在本书的编写过程中，得到了很多专家、学者和同行以及辽宁科学技术出版社领导、编辑的大力支持，在此致以衷心的感谢！

　　由于作者水平有限，编写时间又比较仓促，因此缺点和错误在所难免，我们由衷地希望各位读者提出批评并指正。

编者

2015 年春

目录 Contents

沙发背景墙的墙面面积大、位置重要，是视线集中之处，所以它的装修风格、式样及色彩对整个客厅的色调起了决定性作用。

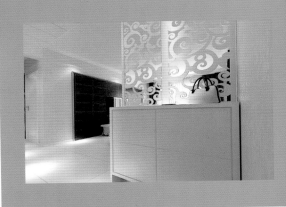

客厅篇——家居的门面

沙发背景墙的墙面面积大、位置重要，是视线集中之处，所以它的装修风格、式样及色彩对整个客厅的色调起了决定性作用。

沙发背景墙的墙面面积大、位置重要，是视线集中之处，所以它的装修风格、式样及色彩对整个客厅的色调起了决定性作用。

玄关篇——家居第一空间

玄关又称斗室、过厅、门厅，它原指佛教的入道之门，现在专指住宅室内与室外之间的一个过渡空间，也就是进入室内换鞋、更衣或从室内去室外的缓冲空间。

设计/宋 辉

设计/程 成

Chapter1 玄关说法

1. 玄关的起源

玄关又称斗室、过厅、门厅，它原指佛教的入道之门，现在专指住宅室内与室外之间的一个过渡空间，也就是进入室内换鞋、更衣或从室内去室外的缓冲空间。玄关的说法源于日本，因为日式住宅进屋后先要换上拖鞋和家居服，才好在榻榻米上坐卧，所以玄关在日式的住宅中必不可少。如今在国内，人们进屋后也习惯了换上拖鞋和家居服，因此作为过渡空间的玄关装饰就显得尤为重要。

玄关在居室中所占面积虽然不大，但使用频率较高，是进出住宅的必经之处。在家居装修中，人们往往最重视客厅的装饰和布置，而忽略对玄关的装饰。其实，在房间的整体设计中，玄关是给人第一印象的地方，是反映主人文化气质的"脸面"，更需要投入精力去进一步美化。

2. 玄关的作用

玄关是一个缓冲过渡的地段，是客人从繁杂的外界进入一个家庭的最初感觉，和其他种类空间不同，玄关有着遮挡外界视觉和储物的双重功效。

设计/杨传光

设计/梵石设计

（1）玄关的遮掩作用

居家讲究一定的私密性。作为家庭活动中心的客厅，是一家人日常聚会的场所，不能太过暴露，所以玄关的存在就十分必要。进门后如果有一个类似影壁的屏风，能够阻止门外的视线直入，增加客厅内人们的安全感。如果大门向着西北或正北，冬天常受凛冽寒风侵袭，就更需要玄关来做遮挡。贴近地面的房屋，往往易被室外的强风和沙尘渗透，设玄关既可防风，亦可防尘，有利于保持室内的温度和洁净。

设计／李中俊

设计／刘 明

（2）玄关的储物功能

玄关的储物功能指的是进出门时衣、帽、鞋、钥匙、手机等物品的摆放或提取，因此它需要便捷。传统的做法一般是明摆明放，要么利用一面墙凹进去的部分做一个整体柜，上面挂衣帽，下边放鞋或杂物；要么摆放一个鞋柜，利用门后或一面墙体的挂钩搁衣帽。现代的做法是在实现上述功能的基础上，将衣橱、鞋柜与墙体融为一体，巧妙地将其隐藏，外观上突出个性与环境的和谐，在实用的同时，注重感官给人带来的情调。

设计／梵石设计

设计／导火牛

▲ 嫩绿色的墙面与白色的家具相结合，使玄关处对比明显又不突兀，营造出既简洁又不失品格的氛围。

◀ 玄关处设计精巧，结合了江南水乡的风韵。与灯光的结合，淡雅、明快。

设计/姬建江

设计/信雨彤

温馨小贴士

怎样营造玄关氛围?

　　在现代装修中，玄关注重的是实用和氛围的营造，所体现的是居室主人的文化品位与性格。于是，怎样"精""巧"结合，成了营造这种氛围的关键与用心之处。玄关设计一定要简洁、明快，做到点、线、面结合，切忌繁缛。

3. 玄关的分类

　　按照建筑结构的不同，玄关可分为独立式、通道式和暗含式三种。

　　（1）独立式。这种玄关的特点是，玄关本来就以独立的建筑空间存在或者说是转弯式过道，因此对于室内设计者而言，最主要的是充分利用原有功能进行设计。

设计/导火牛

设计/陶　胜

（2）通道式。这种玄关的特点是，玄关本身就是以"直通式过道"的建筑形式存在。对于这种玄关，如何设置鞋柜是设计的关键。

设计／程奇山

设计／赵　伟

设计／侯志新

（3）暗含式。这种玄关的特点是，建筑本身不存在玄关，只能分隔客厅或者餐厅的一部分来作为玄关。在这种情况下，就得对是否需要玄关做出选择。如果存在以下情况建议做玄关：①大门可直视客厅沙发的位置；②大门可直视卧室门口；③大门可直视其他不适宜被外人直接观看的区域。

设计／马晓熠

Chapter2 玄关设计原则

1. 使用原则

　　玄关同室内其他空间一样，也有使用功能，就是供人们进出家门时，在这里更衣、换鞋以及整理装束。所以玄关空间要保持与客厅和餐厅这类公共空间的一致性，维持合理的交通线，避免因为玄关的设计而影响其他正常功能的使用。玄关的造型设计，不宜比其他公共区域复杂。不需要玄关的地方，不要强行设置。

设计 / 上觉 – 设计机构

设计 / 柯与陈

2. 材料原则

　　由于玄关处在内外相连的第一关，所以较易污染，特别是地面，应当选择防水、耐磨、容易清理或更换的材料。一般玄关中常采用的材料主要有木材、夹板贴面、雕塑玻璃、喷砂彩绘玻璃、镶嵌玻璃、玻璃砖、镜屏、不锈钢、花岗石、塑胶饰面以及壁毯、壁纸等。

设计 / 易　俗

设计 / 吴　锐

3. 照明原则

　　玄关的照明设计也相当重要，好的照明设计可以把阴暗的玄关变成一个受人欢迎的区域，如设计一些有光感的灯，即使在夜晚，进门后也能显现出玄关的魅力。玄关处的灯光也应有足够的照明度，因为从室外充满阳光的环境进入室内，会觉得很暗。明亮的灯光，不仅方便自己，还会给人亲切友好的印象。

设计 / 程红军

设计 / 杨传光

4. 色彩原则

　　玄关的色彩应根据其所处的平面位置和居室主色调进行设计。有自然采光的玄关宜采用冷色调，因为冷色调属于后褪色，并且具有放大尺度的感觉。完全靠灯光照明的玄关宜采用暖色调，因为大部分的民用照明光源都属于低色温光源，暖色调在灯光的映照下会更显现亲切、热烈的色彩气氛。

设计 / 何炳文

设计 / 鞠成巍

▲ 大面积蓝色的运用使玄关更显明亮，并且充满了地中海式风情。

设计/何炳文

温馨小贴士

玄关的色彩选择

玄关不宜选用低明度的色彩，因为色彩过深和过暗都会导致玄关空间的狭窄和收缩感。玄关选用高彩度的色彩时，要注意以突出一个纯度高的色彩为主，不要在一个小空间内充满多种杂乱无章的鲜艳色彩。

▶ 玄关处鲜艳明亮的粉色墙面，为室内增添了温暖和活泼的气氛。粉色作为背景色，配以白色家具，整体而又不失沉闷。

设计/赵 广

5. 软装原则

玄关设计不仅要考虑功能性，装饰性也不能忽视。玄关的软装饰设计，不仅是整个居室设计风格的浓缩，还是整个居室设计情调的一个引子。通常会在进门处设置"玄关对景"，一盆小小的雏菊，一幅家人的合影，一张充满异域风情的挂毯，有时只需一个与玄关相配的陶雕花瓶和几枝干花，就能为玄关烘托出非同一般的气氛。

设计/DOLONG 设计

设计/柯与陈

温馨小贴士

玄关的装修和家具的选择

　　玄关地面的装修，采用的都是耐磨、易清洗的材料。墙壁的装饰材料，一般都和客厅墙壁统一，顶部要做一个小型的吊顶。玄关中的家具应包括鞋柜、衣帽柜、镜子、小座凳等，玄关中的家具讲求精致新颖，造型要与整体风格相匹配。

设计 / 吕海宁

设计 / 袁　野

▲ 玄关处的欧式家具，突显出室内设计的整体风格走向，碎花墙纸、座椅、储物柜与镜子精致完美，风格统一。

◀ 米色系的玄关家具以及软装配饰，整体感觉简洁大方，朴素之中又充满了生活的质感。

Chapter3　玄关设计手法

1. 低柜隔断式

　　是以低形矮台或低柜式成型家具的形式来做隔断，这样既可以用来储存物品又可以节省空间。

设计 / 张海峰

设计 / 张兆阳

2. 玻璃通透式

是以大屏的玻璃做装饰隔断，或在夹板贴面旁嵌饰喷砂玻璃、压花玻璃等有通透的材料，既分隔大空间又保持大空间的完整性。

设计 / 胡文波

设计 / 胡文波

3. 格栅围屏式

主要是以带有不同花格图案的木格栅做隔断，能产生通透与隐隔的互补作用。

设计 / 赵 广

设计 / 柯与陈

设计 / 鞠成巍

设计 / 龙 威

4. 半敞半隐式

是以隔断下部为完全遮蔽式设计，隔断的两侧隐蔽无法通透，上部敞开，可贯通彼此相连的天花板棚。半敞半隐式的隔断墙高度大多为1.5m，通过线条的凹凸变化、墙面挂置壁饰或采用浮雕等装饰物的布置，从而达到浓厚的艺术效果。

5. 半柜半架式

柜架的形式采用上部为通透格架作装饰，下部为柜体；或以左右对称形式设置柜件，中部通透等形式；或用不规则手段，虚、实、散互相融合，以镜面、挑空和贯通等多种艺术形式进行综合设计，以达到美化与实用并举的目的。

设计 / 贾峰云

设计 / 沙建磊

设计 / 吴 锐

6. 实用为先式

这种空间装饰点缀不多，整个玄关设计以实用为主。

设计 / 柯与陈

7. 随形就势式

这类玄关通过引导视线达到空间的过渡，设计往往需要因地制宜，随形就势。

设计 / 朱 万

设计 / 孙传财

设计 / 程伟永

8. 上下呼应式

这种方法顶、灯、地相呼应，中规中矩，大多用于玄关比较规整方正的区域。

设计 / 李 嘉

9. 内外结合式

对于空间较大的居室，可设置内外两重玄关，这样的处理会使空间显得豪华、大方。

设计 / 黄 军

设计 / 鞠成巍

◀ 白色的整体柜式组合，既满足了功能上的要求，又增加了储物空间，上下柜子之间的展示区，更体现出个性十足的品位。

▶ 玄关鞋柜上，搭配摆放台灯以及其他的装饰物，以及镂空吊灯和印花地砖的运用，都衬托出室内的艺术气息。

设计/任 伟

设计/刘建民

温馨小贴士

巧妙利用明示与暗示

明示——以鞋柜为间隔："进门脱鞋"，这已经成为当今城市生活的一种模式。因此，有些鞋柜靠墙设置，在考虑它的实用性的同时，也要考虑利用装饰物、灯光效果等来体现艺术气息。如果玄关较宽，一张椅子或一张沙发便可安放在其中，让人可以舒舒服服地脱鞋或穿鞋，避免取鞋困难等造成的不便。

暗示——以不同的材料分隔：如果鞋柜属于明示的分隔，那么在玄关地板上选用不同的材料铺贴，则是暗示的区分。

Chapter4　玄关设计要点

虽说玄关的面积不大，但在这个空间中，既要表现出居室整体风格和主人的不俗品位，又要兼顾展示、换鞋、更衣、引导、分隔空间等实用功能，还是有一定难度的。这就要求我们在设计时，仔细考虑以下七个方面。

1. 地面

玄关需要保持清洁，所以一般会采用比较易清洁的大理石或地砖。在设计上为了美观效果也可以将玄关的地坪与客厅区分开来。在材料选用上，可选用磨光大理石拼花，或用图案各异、镜面抛光的地砖拼花，或者复合地板。无论采用何种材料，地面设计需把握易清洁、耐用、美观的原则。

设计/杨传光

设计/王智杰

2. 天花

玄关天花板的空间往往比较局促，容易产生压抑感。但通过局部的吊顶配合，可以改变玄关空间的比例和尺度。在设计师的巧妙构思下，玄关天花板往往成为极具表现力的室内一景。它可以是自由流畅的曲线，可以是层次分明、凹凸变化的几何体，也可以是大胆露骨的木龙骨上面悬挂点点绿意。玄关天花板应该简洁、整体统一、有个性，可将玄关和客厅的吊顶结合起来考虑。

设计/欧建书

设计/奉泉装饰

3. 墙面

玄关的墙面往往与人的视距很近，通常只作为背景烘托，可选出一块主墙面重点加以刻画，或以水彩，或用古典壁饰，或刷浅色乳胶漆等来强调玄关的背景，使空间语言丰富。墙面的刻画重在点缀、达意，切忌堆砌重复、色彩过多。

设计/赵 广

设计/柯与陈

4. 隔断

在玄关做隔断时应注意造型不要太复杂，要尽量简洁。在可能的情况下尽量保留自然光线的穿透性，不要将玄关处理成闷不透气的封闭空间。

设计 / 上觉 – 设计机构

设计 /DOLONG 设计

设计 / 刘玉河

5. 家具

玄关家具不仅起到装饰作用，还有一个重要的功能就是储藏物品。玄关内可以组合的家具通常有鞋柜、壁橱、衣柜等，在设计时应因地制宜。充分利用空间，在设计或选购玄关鞋柜时，高度不宜太高，在造型上应与其他空间风格一致，互相呼应。

设计 / 赵 广

6. 照明

　　由于玄关里有许多弯曲的拐角、小角落与缝隙,所以使照明设计比较困难。精心设计的灯光组合,可令其蓬荜生辉。不同位置的灯具安排,可以形成焦点聚射,营造不同格调的生活空间;嵌壁型朝天灯可让灯光上扬,产生相当的层次感,当然,灯光效果应有重点,不可面面俱到。

设计 / 刘礼文

设计 / 龙　威

7. 陈设

　　玄关中陈设品的作用也是显而易见的,别小瞧那一只小花瓶或一束干树枝,少了它们,玄关可能就缺少了一分灵气和情趣。一幅上等的油画、一张意义深远的摄影作品,或是一盆细心呵护的君子兰,都能从不同角度体现主人的学识、品位和修养。要注意的是饰品要少而精,重在点题。

设计 / 温从河

设计 / 王立世

温馨小贴士

玄关镜子的运用

　　除了鞋柜外，镜子是玄关的常见物。如果玄关空间较小，一般的设计思路是在侧对门的墙上安置几面入墙镜，加深视野以扩展空间。有时，为了加强对落地镜的装饰，在镜前放一个小几，置一盆绿色植物，便可将自然界的勃勃生机引入室内。镜子在玄关中的用处很大，它可以让人们在出门前或进门后检查一下仪容。但是注意不要正对门口，夜间进门容易产生幻觉。

设计 /WILLIS（威利斯）设计公司

设计 / 张海峰

　▲ 镜子与鲜花的搭配，不仅起到了装饰作用，也为玄关处增添了勃勃生机，既满足了功能性的要求，也开阔了玄关的视野范围。

　◀ 玄关的镜面运用，方便主人出入门整理容装，不仅实用率极高并且能够提升个人的幸福指数。

Chapter5　玄关装饰风格类举

1. 浪漫典雅的欧式风格

　　欧洲文化丰富的艺术底蕴，开放、创新的设计思想及其尊贵的姿容，一直以来颇受众人喜爱与追求。欧式风格无论是家具还是配饰均以其优雅、唯美的姿态，平和而富有内涵的气韵，描绘出居室主人高雅、贵族之身份。壁炉、水晶吊灯和罗马柱是欧式风格的常用元素，再配合古典家具等陈设，室内的环境气氛就被渲染得美轮美奂。白色、金色、黄色、暗红色是欧式风格中常见的主色调，明亮大方的色彩，令人体会到优雅与雍容，使空间呈现出开放、宽容的非凡气度。

设计 / 张海峰

设计 / 科宝博洛尼　刘岩

　▲ 没有十分绚丽的色彩，以黑白为主的空间，犹如雪落之音，达到大音稀声的境地。

设计 / 科宝博洛尼　刘　岩

设计 / 袁　野

▲ 简洁的黑色水晶吊灯，白色印花墙纸，欧式的案几，再加上时尚的装饰画和雕塑品，一股现代风跃然而出，目光所及之处，总会有惊喜的发现。

▲ 墙纸和地砖选用米黄色搭配黄色印花的窗帘，每一个细节都反映出主人热爱生活的理念。各种黄色系的搭配，让移步间生出多种变化，让变化间生出多重意味。

设计 / 刘志伟

设计 / 侯志新

设计 /WILLIS（威利斯）设计公司

设计 / 李鸿翔

设计 / 合肥风雨天易工作室　李秀玲

设计 / 唐森林

设计 / 绳家友

设计 / 胡文波

▲ 欧式风格的玄关典雅气派，上部的圆弧形倒角给人以温馨舒适的感觉。虽然只是几个人的夜宴，却依然热烈动人。

▲ 极富装饰意味的挂画，黑色钢琴烤漆的柜子，古典和现代在这里水乳交融。光线像流水一样在空间流动，试图娓娓诉说自己的故事。

设计/鞠成巍

设计/唐森林

▲ 浅黄色的地砖与黄色的墙面搭配，再加上黄色光晕与白色拱门的对比，美感倍增。古典风格的装饰，使空间有了立体层次。

设计/贾 元

设计/WILLIS（威利斯）设计公司

设计/杨文辉

◄ 在古典主义风格中加入了流行时尚元素，厚重奢华的风格中透出了一丝秀美灵动。奢华的吊顶和水晶吊灯，在满足了基本使用功能的同时，更通过反射作用扩展了玄关的空间。

设计 / 陈毛豪

设计 / 杨 飞

▲ 黑白花纹的地砖是玄关的点睛之笔。地面的地砖拼花，给人以温馨甜蜜之感，配合欧式的大理石柱和油画，高贵优雅的生活方式显露无遗。

设计 / 吕永庆

设计 / 刘 洋

设计 / 石家庄尚·品设计工作室

▲ 米黄色的理石，增加了整个空间的光感，与地面的大理石拼花相呼应，衬托出了室内的宁静与优雅。

设计 / 徐光鸣

设计 / 陈建雄

▲ 玄关色彩明亮统一，门口天花处的弧线形倒角处理让空间显得自然清新，曲线弧度的造型，强调细节设计，运用柔美的线条装饰，温馨亲切、热情洋溢。

设计 / 于 龙

设计 / 小 张

▲ 利用过廊的形式做成的玄关节约空间，古典的油画和欧式造型柜相呼应，通过出色的细节雕琢，突破传统的思维局限。

2. 时尚简约的现代风格

现代主义风格是运用新材料、新技术，建造适应现代生活的室内环境，以简洁明快为主要特点，主张废弃多余的、烦琐的附加装饰，在色彩和造型上追随流行时尚。现代主义风格的特色是将设计的元素、色彩、照明、原材料简化到最少的程度，但对色彩、材料的质感要求很高。要说明的是简约并不等于简单，简约的空间设计通常非常含蓄，往往能达到以少胜多、以简胜繁的效果。以简洁的表现形式来满足人们对空间环境那种感性的、本能的和理性的需求。

设计/邵 权

设计/杨传光

设计/文 岩

设计/刘 闯

◀ 吊顶的镂空云纹天花式样设计新颖别致，红色印花墙纸配合白色柜门和家具，透露着时尚感。

设计/文 岩

设计/石家庄尚·品设计工作室

设计/瑞家装饰 王志伟

设计/刘志伟

▲ 黑色木框隔断配上白色镂空纹饰，简洁中富有变化，隔断上的黄色灯光增加了空间的层次。

▶ 门侧的玄关柜与餐厅连为一体，简洁而现代，水晶吊灯满足了对于完美生活的所有想象，将透明与光亮置于纯净与清澈中。

设计/张 桥

设计/杨飞

设计/魏庆喜

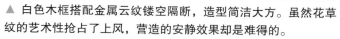
▲ 白色木框搭配金属云纹镂空隔断，造型简洁大方。虽然花草纹的艺术性抢占了上风，营造的安静效果却是难得的。

设计/许芳明

设计/朱涛

设计 / 代文强

设计 / 张 桥

▲ 玄关处大胆地采用素色暗花纹墙纸，造型诗意淡雅，能够让人们产生愉快的心情。白色的柜门搭配黑色柜面设计，在传统中透出一丝现代感。

▲ 入户门旁边的展示柜，是整个空间中的亮点。黑白色彩的展台与装饰品搭配，构成感很强，镜面与白色不规则几何形镂空隔断相呼应，时尚而现代。

设计 / 杨传光

设计 / 康德亮

▶ 白色条纹隔断与黑色菱形隔断进行对比，灰色地砖与白色墙面相互起到了拓展空间的效果，使结果充满了戏剧性。

设计 / 何炳文

设计／李波

▲ 玄关为镂空隔断，金属材质的圆圈设计十分有新意。下部搭配带有传统纹样的磨砂玻璃，整体感觉现代、时尚、前卫而稳重。

设计／胡文波

设计／吕艳杰

设计／金世纪装饰　高丽丽

◀ 上部为博古架，下部为储物空间，既实用又美观。淡雅的色彩，细节丰富，细腻之中蕴含着情意。

设计/徐进超

设计/刘 洋

▲ 玄关处鞋柜的造型简洁大方，树桩镂空隔断与客厅鞋柜形成呼应，使整个空间的元素丰富多样。

▲ 地板与墙纸颜色相近，整体空间色调统一又富有层次感，黄色的暖光突出室内的温馨气氛，色彩内敛而明净，张弛适度。

设计/任 伟

设计/孙立尧

设计/孙立尧

▲ 白色的玄关柜，米色的墙面，简洁的挂画，淡淡的光晕，是色彩的叠加，还是浪漫的重温？

▲ 白色花草纹的隔断，配以现代的白色储物柜，增添了空间的清新之美。置身其间，愉悦的氛围使人心情也快乐起来。

▲ 门口隔断上的印花图案，源于中国传统的云纹，配以金属装饰雕塑，突显主人的文化品位。明暗对比，呈现了空间的不同状态，一半沉稳，一半激情。

3. 清新自然的田园风格

　　田园风格又称为乡村风格， 属于自然风格的一种，倡导"回归自然"，在室内环境中力求表现悠闲、舒畅、自然的田园生活情趣，也常运用木、石、藤、竹等天然材质的质朴纹理。田园风格有务实、规范、成熟的特点，在相当程度上能表现出主人的品位、爱好和生活价值观。在设计上讲求心灵的自然回归感，给人一种扑面而来的浓郁气息。常把一些精细的后期配饰融入设计风格之中，充分体现设计师和主人所追求的一种安逸、舒适的生活氛围。

设计 / 祝建深

设计 / 张全金

设计 / 王余锋

▲ 红色的装饰壁炉成为玄关中的亮点，搭配天花和背景墙的圆形气泡式实木装饰，为简洁的空间增添了一股自然气息。

设计/程 晔

设计/刘希升

▲ 隔断的造型非常有特色，木吊顶结合白色网格隔断与绿植透光而不透视线，达到了很好的使用功能。透过珠帘和网格隔断，朦胧的室内景象影影绰绰，像被搬上了银幕，形成了很好的景观。

设计/文 岩

设计/导火牛

▲ 白色的空间色调和浅黄色的墙面搭配，清新淡雅。玄关柜上面的博古架，表达了一种温厚谦和的倾向，对家的爱与包容就在其中。

▲ 浅绿色墙面和深绿色储物柜搭配，清新自然。配合原生态的砖墙，尽显安逸舒适的风格。在田园空间的框架中，特意融入地域文化的元素，以体现文化的传承与发展。

设计 / 云顶装饰

设计 / 云顶装饰

▲ 季节交替之际，吊灯和布艺沙发仍然找到了共同的话题，大胆地运用灰白色的地毯和粉红色的墙纸搭配，旨在表达对温馨生活的向往。

设计 / 张思文

设计 / 程　晔

▲ 浅绿色墙纸与绿色门框相结合，突出浪漫的田园特色。原木门框，与简洁的灯饰创造了空间的高度，让玄关更显宽阔。

设计 / 赵　广

▲ 门口设计来源于中国传统的"壶门"文化，加上现代的家具，为整个空间增添了文化底蕴。

▲ 玄关的桃木与室内的蓝色隔断柱和墙面形成了一种呼应的关系，整体造型高低错落，节奏感很强。

设计/沈阳方林　刘广智

设计/文　岩

▲ 储物柜上台面的装饰搭配墙面花草纹图案，突出了空间的温馨之感，装饰画增强了装饰性，水晶吊灯在拓展空间的同时将空间对话浓缩至最简。

设计/杨　强

设计/程红军

▲ 用菱形的镜面拼接成玄关的主题墙，装饰感强。白色的鞋柜既增添了田园气息又发挥了点缀作用，棕色菱形墙纸与镜面相呼应，设计考虑周到而细心。

设计/赵　广

设计 / 赵　广

设计 / 程　晔

设计 / 欧高斌

▲ 天花上蓝色的横梁与墙面的蓝色和谐统一，装饰上的鲜艳色彩仿佛是从童话书里流淌出来的一样。

▲ 玄关处的白色鞋柜搭配白色花瓣网格隔断，呼应室内的黄白色墙面与吊顶，仿佛一丝淡淡的田园风流淌在空气中。

设计 / 赵　广

4. 宁静致远的中式风格

中式风格讲求对称，以阴阳平衡概念调和室内生态。依据住宅使用人数和私密程度的不同，在需要隔绝视觉的地方，则使用中式的屏风或窗棂，通过这种新的分隔方式，单元式住宅就展现出中式家居的层次之美。在色彩方面，中式风格的家具多以深色为主，墙面色彩搭配主要分三类：一是以苏州园林和京城民宅的黑、白、灰色为基调；二是在黑、白、灰基础上以皇家住宅的红、黄、蓝、绿等作为局部色彩；三是大胆地选用中国红，与古色的家具、配饰搭配在一起，相得益彰，完全不矫揉造作。

设计/马晓熠

设计/李丽娜

▲ 古典的红木家具上镶嵌金色的装饰，富贵华美，红色和金色构成色彩主调，与周围的环境相协调，彰显了主人的尊贵矜持和高尚格调。

设计/谭磊

▲ 简洁的案几造型与墙壁的装饰收口线风格一致，搭配精致的装饰画框，实木线条的重复再现给人以音乐般的旋律感。

设计/许志冰

设计/马晓熠

设计/柯与陈

▲ 隔断上的空格纹和玄关柜回形纹造型遥相呼应，把清幽和静雅留给人们尽情享受。

设计/王余锋

设计/云顶装饰

▲ 实木组柜博古架和红影木鞋柜，相互映衬，打造出角落的温馨，简约中透露着中式气息。

设计/李芝强

设计/杨静平

设计 / 陈国强

设计 / 马晓熠

▲ 玄关处的中式家具沉实、凝重，带着几分历经岁月的沧桑。中式镂空雕花装饰拱门，延伸了视觉的通透感。

设计 / 敖陈记

▶ 玄关的设计依据房型而定。圆弧形的月亮门，尽显中国古典装饰的华贵与优雅。简洁实用的风格，体现了对文化品位的更深层领悟。

设计 / 吴品

设计 / 康宁

▲ 传统中式花纹的背景墙，衬托出雅致，实木储藏柜上陈设青玉麒麟雕塑，传统中又增添了几分现代气息。

▲ 折叠木隔断造型简洁、古朴典雅，能给都市人一种静思的力量。煮一壶茶，在静静的沉思中，偷得浮生半日闲。

▲ 隔断墙用浮雕结合木色的现代方形纹，与客厅白色墙面形成隐喻的不稳定感，制造出视觉美的冲突张力。

设计 / 杨志宝

设计 / 姚国欣

设计 / 李芝强

◀ 两边对称的中式屏风是空间的亮点，古朴的吊灯装饰，自然是一番审美意趣的别样享受。可以调素琴，阅金经，无丝竹之乱耳，无案牍之劳形。

设计 / 康 宁

▲ 木条与简洁花纹组成的隔断，宛如一扇屏风，使整个空间更具古典东方神韵，尽显大家风范。

▲ 精美的假山水，配上绿色植物，雅致中引人遐思。古风古韵的置物架出现在玄关中，显示了主人的格调和品位，暗香、疏影，并不只是宋词的专利。

◀ 长方形的美人图是视觉的中心，在古香古色中透出一丝现代感，配上花瓶绿植装饰，用对称的手段来衬托中式的意境，蝉噪林逾静，鸟鸣山更幽。

5. 彰显个性的混搭风格

　　每套房子都应该有一个属于它自己的风格，每种风格也都有其自身的空间意义。要打造一套属于自己的空间，从潮流到喜好再到房型本身，这当中的各个环节缺一不可，而"混搭"就成为兼容并蓄、展现个性的最佳选择。想要混搭出个性之家，一定要从整体入手，所有的细节都要事先想好，包括日后的调整方案，比如增添家具饰品、纺织品的更换等。因为混搭涉及很多元素，想让这个家充满了个性，每一个细节都不可忽略，有时候改变一个细节就会打乱整体风格，因此，在设计的时候一定要留意风格与细节的处理。

设计／何炳文

◀ 装饰壁纸和隔断，色调浓烈，纹理丰富，装饰植物搭配现代的灯具，使整个空间风格多样。

设计／杨坤

设计／柯与陈

▲ 深浅交替的大理石地面，搭配深色的储物柜和精致摆件，多种元素的组合突显现代气息。流行的规律就是在繁简之间轮回。

设计/胡文波

设计/DOLONG 设计

◀ 灰色墙面配以现代装饰品和抽象装饰画，彰显出主人大气的审美观。以一种看似理性的格调，与以往的所谓"现代理念"决裂。

设计/何炳文

◀ 玄关入口的组合柜简洁大方，使用性极强，搭配现代的装饰筒灯，使整个空间风格既有变化又不失典雅。

设计/代文强

设计/赵 广

▲ 绿色植物与石头墙面的装饰，是整个空间的亮点，木色和白色的搭配加上简欧风格的座椅，为整个空间增添了文化底蕴。

设计/欧建书

设计/柯与陈

设计/金世纪装饰

▲ 伴随着暖色的灯光，吊顶一直延伸到客厅，设计师巧妙地运用几何形隔断，拉伸人们的视线，达到空间的巧妙过渡。

设计/张怡宁

设计/邵 权

▲ 深蓝色与咖啡色的墙面，将原本略显单调晦暗的空间，照亮和激活，配以混色的地砖和白色天花，展现了浓郁的后现代情调。

设计 / 才 龙

设计 / 刘志伟

▲ 现代的装饰画与植物装饰，自然、和谐而统一，设计虽然极简，但是品质永远不会改变。

▲ 天花上的中式纹样，与室内隔断上下呼应，为现代风格的空间增添一抹传统的神韵。

设计 / 杨 飞

设计 / 文 岩

设计 / 王智杰

设计 / 李丽娜

▲ 棕色中式实木储物柜简洁，配合上面的印花玻璃隔断，拓展了空间，在不变中追求变化。

设计/邓海金

设计/唐 丹

▲ 白色的中式隔断与白色圆柱状鞋柜，形成完美的组合，给人以沉静安逸的舒适之感。

设计/鞠成巍

设计/温从河

设计/廉 旭

设计/康 宁

▲ 远、中、近景相互衬托不但没有破坏整体感，而且还增添了变化。运用黑、白、米三种颜色的组合，表现新时代青年对时尚的追求。

◀ 用玄关对景将客厅与餐厅区分开来，没有任何做作的痕迹。闲适的配画，白色的墙面，混搭的风栓体现了精致的特质。

设计/赵 广

设计/何炳文

▲ 枚红色玄关照片背景墙带来了强烈的视觉冲击，配合现代感极强的手绘装饰墙，既大气，又有浓郁的玄关空间气氛。用氛围强调感觉，韵味流长于空间。

温馨小贴士

四种形式巧做混搭

混搭是将不同风格融合于同一个空间中。不同的元素有轻有重、有主有次，不会互相冲突，更不会破坏空间的整体感。

（1）中式与欧式——中西混搭要具备古典与现代的双重美感，当然也少不了特有的文化氛围，一幅中国字画、一幅马谛斯的画作都能替居家环境增添一抹人文气息。

（2）田园与地中海——地中海与田园风格的美都反映在与回归自然的特殊风情，地中海的基调是明亮、热烈和丰富的色彩，而田园风格的居住环境中充盈着花花草草的清新浪漫、自由自在。何不为自己营造一个崇尚自然的带有田园色彩、地中海风情的家呢？

（3）古典与现代——不喜欢现代的冰冷与生硬，不喜欢古典的繁复与令人却步的昂贵，那就将感性的古典和理性的现代结合起来吧，二者择其优，这是家庭装修装饰的流行新风尚。古典风格与现代风格的混搭是时下家装配饰流行的做法。

（4）中式与田园——中式与田园的混搭可以说是一门难度较大的艺术，如果想把这两种不同的元素放进同一个空间里，又要保持家居搭配的和谐与整体氛围的一致，的确要花点心思。但如果能把握两者同样朴实自然的内涵的话，你的家就是独一无二的。

设计/金世纪装饰

▲ 玄关处结合了中式与田园的混搭风格，中式的实木鞋柜与米黄色田园风格十足的背景墙和谐统一，相同的色系，使得混搭的效果浑然一体、自然清新。

设计/李 嘉

▲ 中式的版画屏风与欧式的大理石柱相得益彰，中式与欧式的完美混搭，既体现出深厚的文化底蕴又增加了时尚的气息。

客厅篇——家居的门面

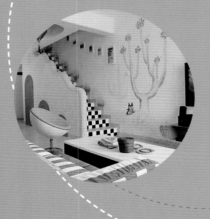

客厅（Living room）也叫起居室，是主人与客人会面的地方。"客厅"一词产生于20世纪二三十年代，最早出现在巴金的著作《灭亡》中。

设计/导火牛

Chapter6 客厅说法

1. 客厅的起源

客厅（Living room）也叫起居室，是主人与客人会面的地方。"客厅"一词产生于 20 世纪二三十年代，最早出现在巴金的著作《灭亡》中。作为家居的门面，客厅的装饰风格已经趋于多元化、个性化，它的功能也越来越多，同时具有会客、展示、娱乐、视听等多项功能。由于客厅的位置一般离入口较近，因此要尽量避免客人一进门就对其一览无余，条件允许时，最好在入口处设置玄关。

设计/杜坤

2. 客厅的作用

客厅作为家庭生活活动最重要的区域之一，具有多方面的功能，它既是全家娱乐、休闲、团聚、就餐等活动场所，又是接待客人、对外联系交往的社交活动空间。因此，客厅便成为住宅的核心空间和对外窗口。客厅应该具有较大的面积和适宜的尺度，以及较为充足的采光和合理的照明。面积一般在 20 ~ 30 平方米相对独立的空间区域是较为理想的起居场所。

设计/邓晓燕

设计/邹锡林

温馨小贴士

小客厅发挥大作用 教你如何拓展空间

（1）多购置收纳柜，使空间具有更强收纳功能，少用大型的酒柜、电视柜等。

（2）利用立体空间：将木板钉于墙壁面，即可收纳杂物。

（3）使客厅、餐厅呈半开放的格局。打掉隔墙，以具有储藏功能的收纳柜来分隔空间。

（4）充分运用轨道式拉门的方便特点，以增加空间的灵活性。

▲ 有效利用沙发后面的空隙制成多层多隔的书架和展示架组合，方面收纳整理，也可以养成随时读书的好习惯。

设计 / 赵 广

◀ 利用电视背景墙的设计，合理地划分出各种高低区域，可以根据不同的需求来进行储物、收纳，节约了空间也增加了灵活性。

Chapter7 客厅设计原则

客厅区域是家庭装修的重中之重，客厅装修的原则是：既要实用，也要美观，相比之下，美观更重要。具体的原则有以下几点：

1. 风格要明确

客厅是家庭住宅的核心区域，空间是开放性的，地位也最高，它的风格基调往往是家居格调的主脉，把握着整个居室的风格。

设计 / 金世纪装饰 高丽丽

设计 / 刘希升

2. 个性要鲜明

客厅装修是对主人的审美品位和生活情趣的反应，因此设计客厅时必须要讲究个性，要有自己独到的东西。个性可以通过装修材料、装修手段的选择及家具的摆放来表现，每一个细小的差别往往都能折射出主人不同的人生观及修养、品位。

设计 / 龙帮发

设计 / 导火牛

3. 分区要合理

客厅是家居生活的中心地带，使用频率非常高，各种功能用起来是否方便，直接影响到主人的生活。所以客厅设计要讲求实用，必须根据主人自己的需要，进行合理的功能分区。如果家人看电视的时间非常多，那么就可以用视听柜作为客厅中心，来确定沙发的位置和走向；如果不常看电视，客人又多，则完全可以用会客区作为客厅的中心。

设计 / 代文强

设计 / 王颖彬

设计/吴献文

4. 重点要突出

在设计客厅时，为了突出重点，通常会确立一面主题墙。主题墙是指客厅中最引人注目的一面墙，一般是放置电视、音响的那面墙。在主题墙上，可以运用多种装饰材料做一些造型，以突出整个客厅的装饰风格。

设计/康宁

温馨小贴士

客厅的展示功能

在客厅里设置展示空间最能够体现文化氛围和主人的个性。可以放上一个透明的橱柜，在其中放置一些收藏品或装饰品。柜子的大小要按照客厅的面积来定，最好能靠墙而立，以节省空间。

设计/导火牛

▲ 客厅的展示空间张贴了很多的照片，既可以充当装饰，亦可以让人感受到家庭的温馨与温暖。

设计/金世纪装饰 王烈

▲ 白色的背景墙合理地设计了对称式的储物柜，透明的柜门使得柜子既起到了装饰功能又具有实用性。

Chapter8 客厅设计要点

1. 灯具与照明

　　客厅是会客和家人团聚的场所，灯的装饰性和照明要求应有利于创造热烈气氛，使客人有宾至如归之感。客厅的灯具应该说是最富于变化，也是最可以别出心裁地进行设计的。在客厅的聚谈休憩区，灯光应当体现明亮、呈散射式的，故宜选用吊灯、吸顶灯以及灯槽和灯栅等。在客厅的音乐欣赏区，可选用壁灯或射灯，抑或地脚灯，使光与声音自然融合。客厅的主灯，特别是采用花饰吊灯的，应安装在房间的中央；如墙上挂有横幅字画的，可在字画两边安装两盏合适的壁灯，沙发旁边还可置放一盏落地灯，这样的布置，会显得稳重大方。

设计 / 王颖彬

设计 / 杨 飞

温馨小贴士

选购灯具的四个原则

　　灯光是居室内最具魅力的调情师，不同的造型、色彩、材质、大小能为不同的居室营造丰富的光影效果，展现出多种居室表情。在选购灯具时主要从以下四方面考虑：

　　（1）应根据自己的实际需求和个人喜好来选择灯具的样式。

　　（2）一定要根据墙壁和天花板来选择照明。居室灯光的布置必须考虑到居室内家具的风格、墙面的色泽、家用电器的色彩。比如，深色的墙面会吸收光线，就需要较强的灯光。

　　（3）在选购灯具时，应该注意灯罩与灯光是否相配。灯具的色彩应与家居的装修风格相协调，一味注意外形，只会适得其反。

　　（4）灯具的大小要结合室内的面积、家具的多少及相应尺寸来配置。

设计 / 云顶装饰

◀ 铁艺吊灯与室内的气氛想协调，也符合客厅照明的要求，与灯带和射灯结合使得空间更加层次分明，有立体感。

设计 / 欧高斌

◀ 白色水晶吊灯华丽唯美，光照明亮，烘托出客厅的光感和节奏，暖色灯带起到了很好的调节作用。

2. 通风

客厅中除了照明是比较重要的一个环境条件外，还有一个会影响整体环境的条件，那就是通风。其实一般明厅的窗户兼有照明与通风的作用，一扇又大又宽的窗户不仅能让客厅充满阳光的温暖，还能带进阳光的味道。客厅中最好不要有较高大的物件挡在窗前或处于空气流通的主要区域内，这样会影响通风效果。如果客厅是暗厅的话，那么良好的通风只能靠其他房间的配合了，经常打开其他房间的房门，制造空气对流的机会，会加强暗厅的通风效果，也可以使用人工的方式进行客厅的通风。现在大部分家庭使用的客厅通风设施应该当属空调了，大部分人一般只使用空调来调节室内温度，其实有许多空调都兼具室内空气换气调节的功能。

设计 / 易　俗

设计 / 导火牛

3. 家具

客厅要摆放一些什么家具，可根据客厅的面积大小而定。若是客厅空间比较小，则不宜摆放大型的沙发、茶几、餐桌、书柜和音响器材等，否则会造成客厅整体的压迫感。客厅的家具应根据主人的活动和功能性质来布置。其中最基本的要求是设计包括茶几在内的一组休息和谈话使用的座位，一般为沙发，以及相应的电视、音响、书报、音视资料等设备用品。客厅的家具布置形式很多，一般以长沙发为主，排成"一"字形、"L"形、"U"形和双排形，可根据个人的喜好以及客厅的具体情况来进行选择。

现代家具类型众多，可按不同风格采用对称形、曲线形或自由组合形式布置。不论采用何种方式的座位，均应布置得有利于彼此谈话的方便。一般采取谈话者双方正对坐或侧对坐为宜。为了避免对谈话区的各种干扰，室内交通路线不应穿越谈话区，门的位置宜偏于室内短边墙面或角隅，谈话区位于室内一角或尽端，以便有足够实墙面布置家具，形成一个相对完整的独立空间区域。

设计 / 程伟永

设计 / 欧高斌

4. 地面

客厅地面材料主要有地砖与木质地板两种。地砖色彩多变，尺寸、规格多样，容易清洁，因此它具有其他装潢材料所没有的独特魅力。木地板能给人以温暖柔和、自然舒适的感觉，且隔音效果理想、脚感舒适，其独有的自然纹理和色彩也迎合了人们回归自然的心理。

设计/徐 柯

设计/戴文军

温馨小贴士

教你如何选购地板

市场上的木质地板主要分为实木地板、实木复合地板和强化木地板三大类，其质地各有长处。在选择木地板时，首选实木地板和实木复合地板；如果想要安装及保养方便，且追求耐磨的效果，不妨以强化木地板为首选。

设计/金世纪装饰 康慨

设计/余小雅

▲ 深色实木地板衬托出客厅的高雅与内涵，给人沉稳大气的感觉，十分贴合中式风格的设计。

▲ 浅色的复合地板环保实用，性价比高，在现代简约的家居中使用率高，也能较好地表达出效果，安装方便，便于保养，较为耐磨。

设计/蒋 聪

设计/赵 广

5. 天花

客厅的天花板，高高在上，对于住宅风水来说，它是"天"的象征，因而相当重要。客厅的天花装饰与布置常有以下几种形式：

（1）直线形天花：直线天花在客厅空间里出现的效果给人以简洁明快的感觉。

（2）圆形天花：圆形天花在客厅里出现，会给人以亲切的感觉，因为这类天花围合感很强，让人能够感受到很强的凝聚力。

（3）曲线形天花：曲线形的天花在客厅里出现，会给人一种动感、活泼的感觉。

（4）镜面天花：这类天花一般会出现在层高较低的客厅空间里，因为镜面的反光作用会让相对较矮的客厅在视觉上一下变大。

（5）复合型天花：二级吊顶和在天花上做装饰造型的吊顶，都属于复合型天花，这样的天花点缀能让原本白色的吊顶增加更多的可看性。

温馨小贴士

天棚上结构梁的处理

有些客厅由于建筑结构的原因，会在客厅中间出现很多的梁。这种情况下的吊顶就必须结合原有的梁做，让这些梁融入天花中，这样既能装饰客厅，也能将原建筑空间中的弊端处理掉。

设计/赵 广

设计/王颖彬

▲ 结合结构梁而做的木质条纹吊顶古朴自然，迎合了客厅的风格，又增加了独特的古典气质。

▲ 白色的吊灯完美地结合天棚上的结构梁，镂空的花纹雕饰更显自然清新之美，与客厅的风格和电视背景墙相呼应。

6. 墙面

客厅装饰的重点在于墙面，如果让这块宝地白白空着无所作为实在有点儿可惜。其实，只要稍稍加以设计，悬挂一些艺术品，整个墙面便会像涂上眼影的美眉，立刻闪亮起来。至于选择什么样的艺术品，悬挂艺术品的数量和高度等，既需要一些基本的技巧，也要符合居室本身的状况。艺术品的种类最好跟客厅的装修风格一致，这样容易创造出整体的气氛；艺术品的尺寸也要和墙面的高低大小相和谐，如果是中国画，立轴之长不能超过墙面高度的 2/3；如果是西洋画，画框最大不能超过墙面的一半。

设计 / 蒋 聪

设计 / 蒋 聪

7. 陈设

客厅的陈设工艺品可分为两类。一类是实用工艺品；一类是欣赏工艺品。实用工艺品包括瓷器、陶器、搪瓷制品、竹编等。而欣赏工艺品的种类则更多，诸如挂画、雕品、盆景等。工艺品的主要作用是构成视觉中心，填补空间，调整构图，体现起居空间的特色情调。配置工艺品要遵循"少而精"的原则，注意视觉效果，并与客厅空间总体格调相统一，突出主题意境。

设计 / 任 伟

设计 / 导火牛

8. 织物

　　客厅的织物包括窗帘、沙发蒙面、靠垫以及地毯、挂毯等。这些织物除了具有实用功能外，还可以增强室内个性、烘托艺术气氛。选用织物，应考虑与室内的环境相协调，要能体现出室内环境的整体美。地毯一般选用装饰性较强的工艺羊毛块毯来点缀会谈区，以强化空间区域和情调。沙发靠垫一般以方形为多，常用棉、麻、丝、化纤等面料加工，用提花织物或印花织物制作，也可拼贴图案造型。靠垫的色彩和图案必须与室内的整体气氛相一致。

设计 / 程奇山

设计 / 王颖彬

Chapter9　客厅装饰风格类举

1. 浪漫典雅的欧式风格

　　欧洲古典建筑的历史源远流长，在经历了古希腊、古罗马经典建筑的洗礼之后，形成了以柱式、拱券、山花、雕塑为主要构件的石构造建筑装饰风格。欧式风格的居室有的不只是豪华大气，更多的是惬意和浪漫。欧式风格强调完美的曲线、典雅的色调、精益求精的细节处理，装饰材料常用大理石、多彩织物、精美地毯、精美壁挂等，体现豪华大气、浪漫典雅的情怀。欧式装饰风格最适用于大面积房子，若空间太小，不但无法展现其风格气势，反而对生活在其间的人造成一种压迫感。当然，还要具有一定的美学素养，才能善用欧式风格，否则只会弄巧成拙。

设计 / 金世纪装饰

▶ 把宽敞舒适的空间修饰为富丽堂皇的尊贵府第，令人醉倒在华尔兹的优美乐声中，同时兼容华贵典雅与时尚现代，反映出个性、浪漫、时尚的美学。

设计 / 金世纪装饰　高丽丽

设计 / 陈国强

设计 / 赵 广

▲ 奢华的欧式吊灯使整个空间简洁明快，没有丝毫冗赘乱杂。浅色家具与碎花地毯的组合为空间营造出文雅的气韵。

设计 / 金世纪装饰 戚纹光

设计 / 金世纪装饰 高丽丽

设计 / 石永亮

设计 / 张海峰

▲ 设计师的灵感源自英式古典风格及现代简约风格的合成元素，极力营造一个时尚高雅的居住环境。

▲ 以宫殿的形态彰显主人上流社会人士的本质，同时不失"家"的温馨。

设计/袁野

设计/李楠

▲ 以纯净的白色为主调，局部搭配跳跃的颜色作为点缀，使空间明快、干净又不失活泼，这是简约风格中常用的手法，既经济又容易出效果。

设计/欧高斌

设计/刘后军

▲ 深色的家具搭配碎花壁纸，焕发出时尚的气息，一切都在多样的色彩和明朗的色调中被排列、编组，成为丰富而有序的整体。

设计/柯与陈

设计/程伟永

▲ 整体设计成熟大气，枣红色的墙面增加了空间的高贵品质。

设计 / 周 鹏

设计 / 李鸿翔

▲ 功能上丰富多彩，空间上力求高大，并以简约风格的装饰手法体现出尊贵奢华的感觉。

设计 / 柯与陈

设计 / 王颖彬

► 运用现代的手法诠释具古典气质的样板，摒弃了过于复杂的肌理和装饰，与现代的材质相结合，使装饰元素之间相互呼应，一环扣一环，体现雅致与华贵。

设计 / 黎 武

设计 / 泛设计工作室

▲ 电视背景墙采用了白色大理石饰面，彰显欧式奢华气质，沙发材质缓解了理石的冰冷，使室内气氛更加温馨。

设计/黎 武

设计/邵 权

▲ 从家具到布艺的搭配，到灯具与配饰的选择，均努力营造出一种舒适、温馨的家居生活。

设计/刘 东

设计/赵 广

▲ 生活中"美"是平和的，生活的动人之处也是在动静之时，本客厅将此种美学发挥得淋漓尽致，低调内敛却又奢华高贵。

设计/刘 东

◀ 结合空间的实用与功能设计的同时，更注重颜色搭配、配饰设计及每一个细节，使最终呈现的居住环境典雅、舒适而不失庄重。

设计/袁 野

设计/杨荷英

▶ 运用了印花元素，强化了欧式风格，电视背景墙的设计和整体色调十分协调，也增加了设计的细节。

设计/金世纪装饰 马岩华

设计/易 俗

设计/刘 闯

▲ 室内简练大气、色调统一，吊顶角线的运用突显细节，菱形切割镜面为空间增色不少。

设计/戚 龙

设计/陶 胜

▲ 绚丽激情的生活方式或许并不是生活的真正本质所在，唯有平和才见生命的博大，唯有平静才见生活的深远。

温馨小贴士

营建欧式客厅的四妙招

（1）家具的选择，与硬装修上的欧式细节应该是相称的，选择带有西方复古图案以及非常西化的造型家具，与大的氛围和基调相和谐。

（2）欧式风格装修的客厅应选用线条烦琐，看上去比较厚重的画框，才能与之匹配，而且并不排斥描金、雕花甚至看起来较为隆重的样子，相反，这恰恰是风格所在。

（3）欧式风格的底色大多采用白色、淡色为主，家具则是白色或深色都可以，但是要成系列，风格统一。同时，一些布艺的面料和质感很重要，比如丝质面料是会显得比较高贵的。

（4）如果是复式的房子，一楼大厅的地面可以采用石材进行铺设，这样会显得大气。如果是普通居室，客厅与餐厅最好还是铺设木质地板，若部分用地板，部分用地砖，房间反而显得狭小。

▶ 现代欧式风格，低调奢华，内敛不张扬，家具的运用独具特色，镂空隔断有效分割出客厅，并不突兀。

设计/李 楠

设计/陈国强

▲ 复古的欧式风格设计，典雅高贵，欧式沙发彰显奢华气质，配上复古吊灯和经典配饰，使得客厅的欧式之风尽显。

 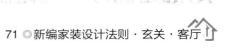

2. 时尚简约的现代风格

　　现代简约风格是比较流行的一种风格，非常注重居室空间的布局与使用功能的完美结合。简洁和实用是现代简约风格的基本特点。简约风格已经大行其道几年了，仍然保持很猛的势头，这是因为人们装修时总希望在经济、实用、舒适的同时，体现一定的文化品位。而简约风格不仅注重居室的实用性，而且还体现出了生活的精致与个性，符合现代人的生活品位。

　　强调功能性设计，线条简约流畅，色彩对比强烈，这是现代风格家居的特点。金属是工业化社会的产物，也是体现简约风格最有力的手段。各种不同造型的金属灯，都是现代简约派的代表产品。此外，大量使用钢化玻璃、不锈钢等新型材料作为辅材，也是现代风格家居的常见装饰手法，能给人带来前卫、不受拘束的感觉。由于线条简单、装饰元素少，现代风格家居需要完美的软装配合，才能显示出美感。例如沙发需要靠垫、餐桌需要餐桌布、床需要窗帘和床单陪衬，软装到位是现代风格家居装饰的关键。

设计 / 熊龙灯

设计 / 代文强

▶ 客厅采用直线的装饰手法大气简练，黑色烤漆玻璃配以简洁利落的线条，突显出别致而沉稳的现代时尚感。

设计 / 魏帅统

设计 / 泉港华田装饰设计室

▲ 客厅的设计运用了现代、简练、大方的设计理念，以暖色为主配合精心设计的灯光，整个空间看上去很有节奏感。

设计/张楗波

设计/刘希升

设计/乔润

设计/金世纪装饰　张朝亮

▲ 用新的设计理念还原个性的设计空间，吊顶的非对称设计，能够给室内空间带来趣味性，墙面竖条纹墙纸的分割给人强烈的建筑感。

设计/顾忠诚

设计/金世纪装饰　高丽丽

◀ 设计的理念是以温馨为主题，但也不失客厅的高贵和庄重。印花地毯缓解了地板的单调，使人感到更加温暖。

设计/李 楠

▲ 通过镂空花纹隔断和吊顶划分客厅、餐厅和玄关的不同区域，在各式灯光的照耀下，显出柔和的家居空间氛围。

设计/金世纪装饰 戚纹光

设计/铭城印象

设计/登胜设计

▲ 实用是设计的主导，但有时一些大胆的想法会有意想不到的惊喜，给人无限的视觉享受。

设计/厦门创家园设计装饰 林耀明

设计 / 厦门创家园设计装饰　林耀明

设计 / 柯与陈

◀ 现代的设计元素结合创新的
理念表达出宽阔，舒畅的气息。
布艺沙发颜色和整个空间十分
协调。

设计 / 导火牛

设计 / 蒋聪

设计 / 代文强

▲ 现代风格，简单陈设，最适合年轻的三口之家。除去烦琐的
奢侈，只剩下清清淡淡，如清茶般清润剔透。

▲ 经典厚重风格，多年后还是那一个家的韵味。因此，设计师以黑白对比来表达永不落幕的艺术。

▲ 简约的设计并不是简单，更讲究设计的细节，色彩、材料、造型的比例关系尤为重要。

▲ 整个设计明快、淡雅，线条简洁，体现了现代人的时尚气息。白色树状木条和电视背景墙融为一体，具有很强的整体感。

设计/谢 亮

设计/谢 亮

设计/朱坤明

设计/金世纪装饰 戚纹光

◀ 在原来的房子结构的基础上，经过简单的重新规划，呈现出令人耳目一新的感觉。温馨自然，甜蜜和谐。

设计/澜庭设计

设计/刘希升

▲ 纵向条纹壁纸使空间有了向上延伸的感觉，视觉上提高了客厅空间的高度。

▲ 现代、简洁而明了，镜面玻璃与树状装饰的搭配在夜晚灯光的衬托下温馨而浪漫。

设计/金世纪装饰　高丽丽

▲ 弧线形的吊棚柔化了空间的刚冷，打破了非横则直的沉闷，显示柔美的一面，点缀了空间的艺术气息。

设计/金 戈

设计/陈国强

▲ 客厅设计以黑、白、浅黄色为主基调，明快、干练，加上简练的线条，很好地体现了现代时尚气息。

设计/金 戈

设计/杨 军

设计/金世纪装饰 戚纹光

设计/李 楠

▲ 点、线、面的穿插组合，对比搭配，配合灯光效果的烘托，使整个客厅整体、和谐、雅致。

▲ 铁艺镂空隔架与藏蓝色暗花纹墙纸的墙体隔断作为隔断形式，既分隔了客厅与餐厅的空间，又很好地解决了采光问题，使空间显得宽敞、明亮。

设计/王立世

设计/戚 龙

设计/袁 野

▲ 这是一个简洁明快的空间，规划从一开始便注定是一个耐看的室内设计。没有明确地分隔空间，既有了整体的延续感，又使界面有了虚实变化。

3. 清新自然的田园风格

　　现代人奔忙于繁华都市，回归自然无疑能帮助他们减轻压力、舒缓身心，迎合他们亲近自然、追怀恬静的田园生活的需求。因而在室内设计流派纷呈的今天，崇尚自然、返璞归真的田园风格历久不衰，成为室内设计的一种重要趋势。田园风格使你可以感受舒适的自然，体现悠闲自在的感觉，表现出一种充满浪漫的向往，受到人们的宠爱。

　　田园风格倡导"回归自然"，美学上推崇"自然美"，认为只有崇尚自然、结合自然，才能在当今快节奏的社会生活中获取生理和心理的平衡。因此田园风格力求表现悠闲、舒畅、自然的田园生活情趣。田园风格虽然重在表现自然，但不同的田园有不同的自然，进而也衍生出多种家居风格，中式的、欧式的，甚至还有南亚的田园风情，各有各的特色，各有各的美丽。

设计/导火牛

设计/沈阳实创装饰

设计/贾峰云

▲ 利用中式古典座椅和清新的色彩烘托气氛，给人提供一个享受自然的自由空间。

设计/云顶装饰

设计/导火牛

▲ 在室内多摆放充满生机的绿色植物和精美的陈设，会使室内充满温馨的田园气息。

设计 / 张应龙

设计 / 付艳超

设计 / 欧高斌

设计 / 导火牛

▲ 经典的黑白色调，加上浅黄色墙体和原木墙裙透露出主人的直率性格。

设计 / 孙传财

设计 / 张应龙

▲ 学会收纳和合理利用空间，这样才能让蜗居显得温馨而不杂乱。

▲ 轻快与简洁会给空间一种舒缓的氛围，沙发背景墙与电视背景墙都为大面积的白色，使空间有了延伸感。

设计/吴锐

设计/科宝博洛尼　刘岩

设计/谢亮

设计/柯与陈

设计/信雨彤

设计/导火牛

设计/姜　林

▲ 简单大方为主的设计理念，淡雅的色调给人以回归自然的舒适。

设计/导火牛

◀ 碎花窗帘、清新的墙体颜色以及布艺沙发的搭配，透出了浓浓的田园气息，给人回归自然的感觉。

设计/回剑波

设计/康 宁

设计/郭长周

设计/导火牛

设计/导火牛

▲ 整体色调柔和统一，蓝色的屏风木门是空间亮点，令家成为一个可以洗去尘嚣兑进清新的过滤器。回到家，回归生活。

▲ 纯粹的生活空间，注重高品位与装饰性。室内间接而柔和的光线呈现出材料的天然质感，并使人感觉舒适放松。

设计/梵石设计

◀ 在现代都市里，其实并不是真正意义上的乡村或者田园，它更像是一种体验，使人内心充满宁静和舒适。

温馨小贴士

如何创造温馨的田园之家?

（1）乡村风格的家居颜色以蓝白及做旧色为主。绿色、浅米色、土褐色等多用在墙面色彩选择上，散发着质朴、怀旧的气息。

（2）碎花墙纸、格子布、墙上的架子板、装饰用的圆形彩绘瓷盘以及把它们吊在墙上的搁架、窗子顶上垂下的类似遮檐的布，都是田园风格家居的要素。

（3）一些点缀性家具，可选择手绘或铁艺以及深木色家具，做旧的手法更能体现田园风格的质朴感。藤竹制品的家具，为田园风格的居室装修注入了新的设计元素，使田园风格的家居设计更加"田园化"。不论工作、学习、休息都能心宁气定，悠然自得。

（4）被翻卷边的古旧书籍、颜色发黄的航海地图、乡村风景的油画等都是不错的装饰品，但要乱中有序，避免过度堆砌。

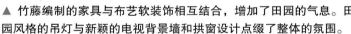

▲ 竹藤编制的家具与布艺软装饰相互结合，增加了田园的气息。田园风格的吊灯与新颖的电视背景墙和拱窗设计点缀了整体的氛围。

▲ 米色系的地板与墙面加以碎花沙发和田园式吊灯的搭配，使整体室内设计散发着质朴、青春的气息，令人怡然自得。

4. 宁静致远的中式风格

中国传统的室内设计融合了庄重与优雅双重气质。现在的中式风格更多地把传统的结构形式通过重新设计组合以另一种民族特色的标志符号出现。例如，客厅里摆一套明清式的红木家具，墙上挂一幅中国山水画等。为了舒服，中式的环境中也常常用到沙发，但颜色仍然体现着中式的古朴，中式风格这种表现使整个空间，传统中透着现代，现代中糅着古典。这样就以一种东方人的"留白"美学观念控制的节奏，显出大家风范。其墙壁上的字画无论数量还是内容都不在于多，而在于它所营造的意境。可以说无论现在的西风如何劲吹，舒缓的意境始终是东方人特有的情怀，因此书法常常是成就这种诗意的最好手段。

设计/王颖彬

设计/赵 广

设计/黎 武

设计/康 宁

▲ 将中式元素高度概括、简化，适应现代人的生活习惯，用红色双层高吊灯分隔空间，增加了层次感。

▲ 以红木为主调，富贵、雍容，吊灯的图案和沙发背景墙为整个空间增添了文化性。

设计/蒋聪

设计/周 鹏

设计 / 刘 东

设计 / 柯与陈

▲ 装饰取自于生活，崇尚文化韵味，将人性居住环境与空间的关联性连接得恰到好处。

设计 / 李文斌

设计 / 杨志宝

设计 / 刘 东

▶ 通过中式元素的运用，使整体风格特别谐调，做出了房宅的内在特质，使装修成为一种品质，一种中式文化韵味的沉淀。

◄ 中国旧式贵族的生活画卷被展现得淋漓尽致，这其中，当然少不了对居室环境的描写，琳琅满目、精致考究的家具摆设，透出一种古典而华贵的气质。

设计 / 澜庭设计

设计 / 戚 龙

设计 / 戚 龙

设计 / 陈毛豪

设计 / 李芝强

► 出于对"禅"字的理解，结合现代人的都市情节，由此诞生的别样风格，暂且称之为"现代东方"风格。

设计 / 赵 广

设计 / 刘 东

▲ 在设计中打破传统沉闷的中式设计手法，清新的色彩、变幻莫测的光影、造型大方的家具及配饰，极富层次感。

温馨小贴士

如何创建新中式风格？

新中式风格并不是简单地合并传统中式与现代风格，或堆砌它们的元素，它需要设计师从功能、美观、文化含义、协调等诸多方面综合考虑。需要从现代人的经济、生活需求出发，运用传统文化和艺术内涵，或对传统的元素做适当的简化与调整，对材料、结构、工艺进行再创造，这样设计出来的作品才会是一个成熟的作品，否则不是太陈腐就是太轻浮。

设计 / 唐星慧

▲ 运用大面积的中国古典家具式样作为装饰元素，比较适合面积较大的客厅，使整个空间底蕴深厚。

设计 / 李文斌

◀ 设计整体风格为现代中式，大量运用简练的线条，吊顶等局部运用中式镂空元素符号，提升整体文化品位。

5. 彰显个性的混搭风格

提到"混搭",很多人都以为是种装饰风格,其实,混搭虽然与风格有关,但它更是一种实现个性化装修的手段,适用于任何风格。混搭提倡不同材料、风格、地域之间的搭配。混搭的设计趋势是将传统、个性、张扬的生活方式混合在一起,古典气质的家具与多功能的现代家具并放一室,精美的织物与土著织物一起搭配。因对多种风格的兼容,使不同的生活方式在同一空间下得以并存。混搭以开放性的创作态度和手法使其将在未来持续较长时间。

设计 / 杨飞

设计 / 罗小刚

▲ 优雅,是从骨子里折射出的文化艺术之气,是长久唯美生活之后的沉淀与积累。

设计 / 云顶装饰

设计 / 陈国强

设计 / 赵 广

设计 / 陈国强

设计 / 唐星慧

设计 / 赵 广

设计 / 柯与陈

▲ 从创意上引入的是传统的理念，但融入的却是时尚与未来，天花的分隔与空间的划分有了一定的呼应。

▲ 采用了时下流行之混搭装饰手法，旨在营造一个集时尚、古典、环保于一体的高尚混搭家居。

设计/邹 云

设计/戚 龙

▲ 通过创造客厅的后现代奢华主义家居氛围，来体现主人的尊贵和独一无二性。

设计/谢 亮

设计/柯与陈

设计/信雨彤

◀ 欧式风格的家具，搭配白色背景墙和黑色水晶吊灯，使整体空间豪华而不失温馨之感。

设计／匡国亮

设计／导火牛

设计／戚 龙

▲ 大量运用淡雅颜色的墙面，结合布艺沙发和铁艺吊灯，表现出清新典雅的气息。

▲ 黑白颜色的搭配增加了时尚风格元素，自由规划的通透空间，富有层次感和结构美，白色的水晶吊灯令奢华有了更宽泛的含义。

设计／陈毛豪

设计／王颖彬

设计 / 尚道林

◀ 墙面富有质感的纹理露出自然温暖的表情，既丰富了视觉层次，又消除了地砖光洁表面的生冷。精致的陈设品搭配，体现出设计师的生活品位。

设计 / 李芝强

设计 / 戴文军

设计 / 莫水明

▲ 整体以白色墙面为主，局部运用明亮的米色沙发作为搭配，给人清新、开阔的感受，加上现代感十足的装饰画，有一种回归自然的风情。

设计 / 李芝强

▲ 整体设计色彩明快，配合浅色茶几和条纹沙发，使空间色彩既富有层次又显得干净利落。电视背景墙的镂空花纹设计丰富了空间质感。

云顶装饰 001 赵 广 002 雷久东 003 李 嘉 004 刘 洋 005 刘 洋 006 石家庄尚·品设计工作室 007 赵 广 008 樊海鑫 009 付艳超 010

付艳超 011 李倩倩 012 马晓熠 013 马 强 014 李 嘉 015 马 强 016 马 强 017 张海峰 018 马 强 019 赵 广 020

何炳文 021 导火牛 022 导火牛 023 导火牛 024 导火牛 025 导火牛 026 澜庭设计 027 姚 佩 028 陶 胜 029 杜 坤 030

邹锡林 031 导火牛 032 导火牛 033 导火牛 034 唐森林 035 许志冰 036 许志冰 037 胡文波 038 胡文波 039 魏庆喜 040

张楗波 041 黄 岩 042 金世纪装饰 043 马岩华 044 张朝亮 045 张朝亮 046 刘 闯 047 马 强 048 沈阳实创装饰 049 杨 飞 050

杨 飞 051 陈国强 052 陈国强 053 陈国强 054 陈 涛 055 王志坚 056 蒋 聪 057 蒋 聪 058 蒋 聪 059 龙帮发 060

欧高斌 061 欧高斌 062 欧高斌 063 任 伟 064 任 伟 065 任 伟 066 孙传财 067 唐星慧 068 王颖彬 069 吴献文 070

朱坤明 071 程奇山 072 樊海鑫 073 金 戈 074 柯与陈 075 柯与陈 076 柯与陈 077 雷久东 078 黎 武 079 黎 武 080

石永亮 081 石永亮 082 田来帅 083 王汝长 084 夏 燕 085 谢路遥 086 杨璐帆 087 长沙烩意设计工作室 088 陈毛豪 089 陈永浪 090

陈永浪 091 陈永浪 092 陈永浪 093 李文斌 094 刘 东 095 刘 东 096 刘 东 097 刘 东 098 刘 东 099 刘 东 100

附赠光盘图片索引（101～200）

刘后军 101　龙 威 102　戚 龙 103　戚 龙 104　戚 龙 105　戚 龙 106　戚 龙 107　戚 龙 108　戚 龙 109　戚 龙 110

周朝辉 111　卓 天 112　泉港华田装饰设计室 113　杨志宝 114　郑钊杰 115　张朝亮 116　卢彦斌 117　邵 权 118　信雨彤 119　信雨彤 120

金 戈 121　黎 武 122　夏 燕 123　陈永浪 124　李文斌 125　李志荣 126　郭长周 127　吴 锐 128　刘 勇 129　刘 勇 130

马 强 131　泉港华田装饰设计室 132　徐 柯 133　侯志新 134　杨传光 135　叶臻菲 136　宋富鑫 137　康 宁 138　康 宁 139　康 宁 140

龙帮发 141　彭晓波 142　粟志伟 143　孙立尧 144　王颖彬 145　王 梓 146　许 恩 147　张兆阳 148　张 政 149　程 奇 150

侯忙忙 151　鞠成巍 152　柯与陈 153　柯与陈 154　查裕高 155　戴文军 156　高 求 157　李文斌 158　刘 东 159　刘后军 160

戚 龙 161　戚 龙 162　石家庄尚·品设计工作室 163　张思文 164　郑依浜 165　郑钊杰 166　鞠成巍 167　柯与陈 168　柯与陈 169　姚国欣 170

代文强 171　邓海金 172　泛设计工作室 173　张喆赫 174　刘少庆 175　吴 巍 176　郭岩波 177　鞠成巍 178　鞠成巍 179　杨璐帆 180

姚国欣 181　赵国军 182　郑超群 183　郑超群 184　欧建书 185　陶 胜 186　周朝辉 187　陈华金 188　杨传光 189　鞠成巍 190

廉 旭 191　牛广宙 192　吴 锐 193　登胜设计 194　易 俗 195　陈永浪 196　陈永浪 197　易 俗 198　姜 林 199　李志荣 200